Nolis Bracho Moran
José Labrador Ramírez
José Ramón Vielma Guevara

BIOCOMBUSTÍVEIS NA VENEZUELA

Nolis Bracho Moran
José Labrador Ramírez
José Ramón Vielma Guevara

BIOCOMBUSTÍVEIS NA VENEZUELA

alguma perspetiva sobre o desempenho da produção de etanol em culturas de cana-de-açúcar (híbridos de Saccharum spp.)

ScienciaScripts

Imprint

Any brand names and product names mentioned in this book are subject to trademark, brand or patent protection and are trademarks or registered trademarks of their respective holders. The use of brand names, product names, common names, trade names, product descriptions etc. even without a particular marking in this work is in no way to be construed to mean that such names may be regarded as unrestricted in respect of trademark and brand protection legislation and could thus be used by anyone.

Cover image: www.ingimage.com

This book is a translation from the original published under ISBN 978-613-9-43266-0.

Publisher:
Sciencia Scripts
is a trademark of
Dodo Books Indian Ocean Ltd. and OmniScriptum S.R.L publishing group

120 High Road, East Finchley, London, N2 9ED, United Kingdom
Str. Armeneasca 28/1, office 1, Chisinau MD-2012, Republic of Moldova, Europe
Printed at: see last page
ISBN: 978-620-7-96916-6

Autores:

- **Nolis de Jesús Bracho Morán**. Engenheiro de Produção Agrícola pela Universidad Nacional Experimental Sur del Lago "Jesús María Semprum" UNESUR. *Magister Scientiae* em Agronomia, menção em Produção Vegetal, Universidad Nacional Experimental del Táchira. Professor Assistente da UNESUR, Santa Bárbara de Zulia, Estado de Zulia.

- **José Rafael Labrador Ramírez.** Engenheiro e *Magister Scientiae* em Agronomia. Professor dà Universidad Nacional Experimental Sur del Lago "Jesús María Semprum" UNESUR, Santa Bárbara de Zulia, Estado de Zulia.

- **José Ramón Vielma Guevara.** Licenciado em Bioanálise, *Magister Scientiae* em Biologia Celular na Universidad de Los Andes, Mérida. Componente docente e docência universitária na Universidad del Zulia, Maracaibo. Instrutor na Universidade Politécnica Territorial "José Félix Ribas", Barinas, Estado de Barinas, Venezuela.

Índice geral

Prefácio

A Venezuela é um país exportador de petróleo e membro da Organização dos Países Exportadores de Petróleo (OPEP) desde a sua criação, em 1960, na cidade de Bagdade, no Iraque, com sede em Viena, capital da Áustria. Tradicionalmente, temos sido um monoprodutor deste recurso mineral e possuímos a maior quantidade de reservas comprovadas de petróleo bruto do mundo.

No entanto, esta enorme riqueza do nosso subsolo contrasta historicamente com a grande desigualdade na distribuição da riqueza entre a população, onde a superpopulação, a miséria, a fome, a falta de emprego atingem duramente uma grande parte da nossa população, tornando-nos muito vulneráveis em termos de saúde e nutrição na população feminina e especialmente no caso das crianças pequenas. Para além disso, são geralmente as mulheres que são as "chefes" de família, que não têm acesso à educação formal e técnica, nem a empregos bem remunerados.

Somos considerados um país em desenvolvimento, razão pela qual nos encontramos nesta fase histórica com a necessidade imediata de diversificar a nossa produção de bens, serviços e alimentos, a fim de garantir a equidade social. É por isso que a nossa maior empresa estatal, Petróleos de Venezuela, apostou há algum tempo no desenvolvimento de biocombustíveis, com o etanol (CH_3CH_2OH), seguindo o exemplo do nosso país irmão, o Brasil, que é o maior exportador mundial deste produto, com base na cana-de-açúcar. Por isso, dedicamos este livro à nossa experiência prática na produção de etanol a partir de cultivares de cana-de-açúcar na região ao sul do lago Maracaibo, na Venezuela.

Resumo

Com o objetivo de avaliar o rendimento da cana-de-açúcar (*Saccharum* spp. híbrido) para a produção de etanol, foram avaliadas onze cultivares: V91-8, V98-86, V91-01, V99-271, C323-368, V98-120, V99-236, B80-408, V00-50, V99-190, CP74-2005 durante um ciclo de produção. O ensaio foi efectuado no campo da Universidad Nacional Experimental Sur del Lago "Jesús María Semprum" (UNESUR), num esquema de blocos aleatórios, escolhendo as plantas do sulco central de cada parcela experimental (45 m2/tratamento). Os critérios avaliados foram: produção em toneladas de cana por hectare (TCH), toneladas de açúcar por hectare (TAH), percentagem de polissacáridos (% POL), litros de etanol por hectare (LtEt/hA), eficiência (LtEt/TC) e concentração de etanol produzido. Os resultados indicam diferenças não significativas entre os tratamentos por efeito de cultivar para a variável TAH, e altamente significativas para eficiência (LtEt/TC) ($p \geq 0{,}001$) e concentração de etanol ($p \geq 0{,}001$). Dentre as cultivares que se destacaram neste estudo foram: para TCH V-91-8, V98-120, V99-190, com média de 73,04; para TAH, V91-8 (9,67), V98-120 (11,21) e V99-190 (9,66), para % POL, CP74-2005, V91-01, C32-368 com média 46.97% para a concentração de etanol produziram V-91-8, C323-68, CP74-2005 com média de (46,97%), para (LtEt/hA) a V-98-120, V98-86 e CP74-2005 com média de 1.717, 29. Para eficiência (LtEt/TC) as melhores cultivares foram C32-368 (27,9) V98-6 (55,48) e CP74-2005 (40,84). Para efeito de produção em termos de qualidade e pureza do etanol no município de Colón, devem ser plantadas as cultivares V91-8, V99-236 e CP74-2005.

Palavras-chave: híbrido de *Saccharum* spp.; etanol; variedade; fermentação de açúcar; biocombustíveis.

Introdução

Atualmente, o biocombustível mais importante é o etanol, um produto 100% renovável obtido a partir de culturas bioenergéticas e de biomassa. O etanol combustível é utilizado para oxigenar a gasolina, permitindo uma melhor oxidação dos hidrocarbonetos e reduzindo as emissões de monóxido de carbono, compostos aromáticos e compostos orgânicos voláteis para a atmosfera. A utilização de álcool etílico como combustível não gera uma emissão líquida de CO_2 para o ambiente, uma vez que os CO_2 produzida nos motores durante a combustão e durante o processo de obtenção do etanol, é novamente fixada pela biomassa através do processo de fotossíntese (Ministério da Agricultura e Pecuária (MAC), 1998; Bracho Morán e Labrador Ramírez, 2012).

Entre as culturas bioenergéticas mais utilizadas para a produção de etanol, a cana-de-açúcar é a matéria-prima mais utilizada nos países tropicais. A cana-de-açúcar é uma cultura tradicional na Venezuela; o seu processamento ao nível dos engenhos de açúcar remonta à década de 1940, bem como ao início da modernização e industrialização deste sector (Aguilar Rivera, 2007; Bracho Morán e Labrador Ramírez, 2012).

O processo de obtenção de etanol a partir da cana-de-açúcar envolve a extração do sumo de cana (rico em açúcares) e o seu condicionamento para o tornar mais assimilável pelas leveduras durante a fermentação (Alvarado e El Ayoubi, 2007).

É prioritário otimizar a produção de açúcar através de organizações de produtores, especificamente para destilarias de açúcar para a produção de etanol, e assim promover o desenvolvimento económico sustentável com uma visão de futuro na expansão e crescimento do sector agrícola e industrial no Lago Sul de Maracaibo (Alvarado e El Ayoubi, 2007; Bracho Morán e Labrador Ramírez, 2012).

Todo este planeamento incentiva a exploração de novas áreas com potencial para o cultivo da cana-de-açúcar, como é o caso do município de Colón, no estado de Zulia, introduzindo um programa de investigação da UNESUR, em acordo com outras instituições de apoio à investigação, como o INIA (Bracho Morán e Labrador Ramírez, 2012).

Nesse sentido, no campo experimental Hacienda La Glorieta da UNESUR, município de Colón, estado de Zulia, foi estabelecido um ensaio com o objetivo de avaliar 11 variedades de cana-de-açúcar (*Saccharum* spp. híbrido), na produção de etanol, em um ciclo de produção, que visa determinar o comportamento agronômico e a eficiência na produção de açúcar e etanol das variedades V91-8, V98-86, V91-01, V99-217, C32-368, V98-120, V99-236, B80-408, V00-50, V99-190, CP74-2005, a fim de avaliar as melhores variedades de cana-de-açúcar, na produção em toneladas de cana-de-açúcar por hectare (TCH), rendimento em toneladas de açúcar por hectare (TAH), e principalmente eficiência na produção em litros de etanol por hectare (LtEt/Ha) e litros de etanol por tonelada de cana (LtEt/TC), os resultados foram analisados com o pacote estatístico SPSS versão 2005 para Windows e o teste de comparação de médias Tukey (Bracho Morán e Labrador Ramírez, 2012).

Capítulo I. A necessidade de desenvolvimento de biocombustíveis na Venezuela: um país produtor de petróleo que procura diversidade nas exportações

O perigo iminente de enfrentar uma crise energética desencadeada por um aumento acentuado dos preços internacionais do petróleo é atualmente motivo de grande preocupação e incerteza devido às consequências desastrosas que geraria em vários países que não dispõem das suas próprias reservas naturais de combustíveis fósseis (Castro Martínez *et al.*, 2012).

Não é difícil prever que o petróleo, sendo um combustível fóssil amplamente utilizado e, portanto, potencialmente esgotável, possa diminuir significativamente as suas reservas naturais a médio e longo prazo, devido ao notável e significativo aumento do consumo global (Castro Martínez *et al.*, 2012).

Pela sua importância, transcendência e atualidade, esta situação deve despertar interesse e atenção, sujeitando os recursos disponíveis e as suas necessidades energéticas a revisão e estudo, procurando diagnosticar e principalmente avaliar a real viabilidade da utilização de fontes alternativas de energia renovável a nível nacional (Labrador *et al.*, 2008).

O sector agrícola vegetal representa uma alternativa paralela para a obtenção de novas fontes de energia sustentáveis que poderão substituir no futuro as fontes tradicionais como o petróleo e seus derivados (Labrador *et al.*, 2008). Em vários países, como México, Argentina, Estados Unidos, Cuba, Colômbia e Brasil, este último o maior produtor e exportador de etanol do mundo, está a ser levado a cabo um plano nacional denominado E-85, que consiste na utilização de combustível para veículos motorizados com uma composição de 85% de etanol e 15% de gasolina. Nestes países, a transformação do caldo de cana em etanol está a ser avaliada especificamente como um complemento a misturar com a gasolina, sem excluir a possibilidade de, no futuro, ser desenvolvido um combustível 100% etanol (Amaya *et al.*, 2003).

Um dos principais benefícios do etanol é a facilidade de transformação deste produto químico com base nos derivados da cultura da cana-de-açúcar, sendo uma das culturas que cobre a maior área de terras cultivadas a nível nacional de acordo com Castro Martínez *et al.* (2012), apenas se deve considerar que é necessária uma quantidade abundante de biomassa para consolidar este processo de transformação.

É necessário estabelecer a cultura da cana-de-açúcar com um aumento proporcional em quantidade suficiente de biomassa considerando os custos apenas para efeitos de transformação em etanol combustível, a fim de evitar o desvio da comercialização da matéria-prima do açúcar para fins de etanol que poderia gerar um problema entre os produtores devido à flutuação dos preços ao nível da fábrica de açúcar ou da destilação, contribuindo assim para a falência e colapso do sector do açúcar (Amaya *et al.*, 2003).

A produção de etanol também é vista como uma importante fonte de rendimento económico que pode ser obtida com a tecnologia atualmente disponível, e é também um combustível ecológico onde a combustão do produto favorece a difusão de poucos gases tóxicos para a atmosfera, o que favoreceria o impacto ambiental e menos danos ao meio ambiente (Bracho Morán e Labrador Ramírez, 2012).

Objectivos da investigação

Objetivo geral:

Determinar o rendimento em etanol de 11 variedades de cana-de-açúcar (*Saccharum* spp. híbrida) num ciclo de produção estabelecido no Município de Colon, Estado de Zulia (Bracho Morán e Labrador Ramírez, 2012).

Objectivos específicos:

+ Determinar a Curva de Maturação das 11 cultivares de cana-de-açúcar estabelecidas.
+ Calcular os rendimentos TCH e TAH para as 11 variedades de cana estabelecidas.
+ Avaliar a qualidade e a concentração do etanol produzido por variedade.
+ Determinar o rendimento de etanol por hectare e a eficiência de Lts/Et/Tn de cana (Bracho Morán e Labrador Ramírez, 2012).

Justificação

Os seres humanos, como todos os seres vivos, dependem do ambiente para obter energia. Antes do desenvolvimento industrial, o homem utilizava os animais, as plantas, o vento e a água para obter a energia necessária às suas funções vitais, para produzir calor, luz e transporte. Mais tarde, o homem começou a utilizar fontes de energia armazenadas em recursos fósseis, primeiro o carvão e mais tarde o petróleo e o gás natural (Sanhueza, 2009; Bracho Morán e Labrador Ramírez, 2012).

Atualmente, os combustíveis fósseis e a energia nuclear fornecem cerca de 90% da energia utilizada anualmente no mundo. Mas as reservas de combustíveis fósseis são limitadas e, em maior ou menor grau, poluentes (Bracho Morán e Labrador Ramírez, 2012). Desde meados do século XX, com o crescimento da população, a extensão da produção industrial e o uso massivo de tecnologias, começou a crescer a preocupação com o esgotamento das reservas de petróleo e a deterioração ambiental. Desde então, tem-se promovido o desenvolvimento de energias alternativas baseadas em recursos naturais renováveis e menos poluentes, como a luz solar, as marés, a água e a bioenergia a partir de biocombustíveis.

Em investigações realizadas em algumas cidades europeias, estimou-se que 80% da poluição atmosférica se deve à combustão de combustíveis fósseis e que, desta parte, 50% é contribuída pelos transportes, com uma quota de 73,7% de monóxido de carbono, 53% de hidrocarbonetos não queimados e 47% de monóxido de azoto do total emitido nas atmosferas urbanas. Nas cidades da América Central, a poluição atmosférica está a aumentar e já atingiu limites perigosos para a saúde humana e é prejudicial para o ambiente, sendo os veículos motorizados a principal causa desta poluição (Grütter, 1986).

Neste contexto, o etanol como biocombustível é uma fonte alternativa de energia renovável cuja contribuição não deve ser medida apenas em unidades de energia, mas também considerando o poderoso efeito multiplicador gerado pelo processo de transformação e fácil desenvolvimento desta fonte de energia a partir do cultivo da cana-de-açúcar (Poy, 1998; Labrador *et al.*, 2008).

Está provado que o etanol vegetal não poluente pode ser obtido a partir de algumas culturas agrícolas de fácil expansão, como o milho, o sorgo, a uva, a mandioca e a cana-de-açúcar, entre outras, o que pode resolver o problema da escassez de combustível num determinado momento e travar a deterioração do ambiente através da utilização de combustíveis mais leves e de origem vegetal (Labrador *et al.*, 2008; Bracho Morán e Labrador Ramírez, 2012).

De acordo com experiências de pesquisas realizadas em países com experiência no setor açucareiro como Brasil, Colômbia, Costa Rica e Cuba, pode-se mencionar que a cana-de-açúcar é o principal item conhecido no processo de transformação dos derivados da cana-de-açúcar para a produção de etanol. Tendo em vista que a Zona do Lago Sul possui condições agroclimáticas adequadas para o estabelecimento e expansão do cultivo da cana-de-açúcar, é viável a consolidação de um ensaio de pesquisa para avaliar o rendimento do etanol utilizando diversas cultivares de cana-de-açúcar com prioridade para o plantio em massa da cultura, a fim de incentivar o uso potencial da cultura para este fim (Bracho Morán e Labrador Ramírez, 2012).

Com a consecução dos objectivos estabelecidos no projeto, será possível alcançar a expansão da área cultivada com cana-de-açúcar para etanol, a inovação tecnológica da cultura será alcançada no processo de transformação através da utilização da destilação simples como ferramenta de trabalho no produto final do etanol, dado que será executado como uma pesquisa de campo e experimental em nível de laboratório, pois é necessário manter uma metodologia sequencial e completa para evitar o mínimo de viés possível, o que permite a coleta de informações suficientes para que as ferramentas necessárias de programas estatísticos analíticos de interpretação possam ser aplicadas para facilitar o resultado com base na disseminação, disseminação e extensão agrícola (Bracho Morán e Labrador Ramírez, 2012).

Dependendo dos avanços tecnológicos derivados do processo de transformação do caldo de cana-de-açúcar em etanol, é possível na área fornecer extensão agrícola aos produtores envolvidos pela nossa ilustre Universidade na área rural para consolidar o estabelecimento do plantio desta cultura para fins de etanol (Bracho Morán e Labrador Ramírez, 2012).

Viabilidade e segurança da produção de álcool e outros subprodutos da cana-de-açúcar na área ao sul do Lago Maracaibo, bem como a autogestão da nossa universidade no processo agroquímico de produção de álcool como combustível vegetal (Labrador *et al.*, 2008).

Facilita o processo de transferência de tecnologia na investigação para apoiar outras instituições envolvidas na questão do álcool e contribuirá indiretamente para o crescimento cultural e a melhoria da qualidade de vida dos produtores da zona que se envolvem neste processo inovador (Bracho Morán e Labrador Ramírez, 2012).

Esta inovação tecnológica melhorará a plataforma de infra-estruturas dos laboratórios de química da UNESUL, consolidando a aquisição do equipamento científico necessário que contribuirá para melhorar os processos de transformação na área laboratorial (Bracho Morán e Labrador Ramírez, 2012).

Com esta investigação sobre a produção de etanol, são feitos os primeiros avanços em termos de publicação com base na transformação do sumo de cana-de-açúcar de diferentes variedades de cana-de-açúcar semeadas a partir de sementes assexuadas certificadas. Também se iniciará o processo de criação de uma indústria de destilação para contribuir para a comercialização das matérias-primas produzidas na zona para a produção de etanol (Bracho Morán e Labrador Ramírez, 2012).

Capítulo II. Revisão da literatura sobre as bases teóricas e os antecedentes para o desenvolvimento desta investigação.

Labrador Ramírez *et al*, (2020), realizaram um ensaio no campo experimental da UNESUR, município de Colón, estado de Zulia, e avaliaram onze cultivares de cana-de-açúcar (*Saccharum* spp. Os critérios avaliados foram: produção em toneladas de cana por hectare (TCH), toneladas de açúcar por hectare (TAH), porcentagem de Pol (%Pol), litros de etanol por hectare (LtEt/Ha), concentração do produto [C], eficiência em litros de etanol por tonelada de cana (LtEt/TC). Os resultados indicaram diferenças altamente significativas entre os tratamentos por efeitos de variedade para TCH (Pr >f= 0,0001) TAH (Pr >f= 0,0001) e significativas para LtEt/Ha (Pr >f= 0,03) e diferenças não significativas para % Pol (Pr<f=0,077) concentração de etanol (Pr<f=0,801) e eficiência LtEt/TC (Pr<f=0,621), as melhores variedades para TCH foram V99-236 (177,22), V98-120(181,92), V99-190(189,23), V99-217 (196,04). Para TAH, destacaram-se V98-120 (22,7), V99-217 (23,72), V99-190 (22,73) e V99-236 (24,1). Para LtEt/Ha os melhores resultados foram para V99-236 (3.061) e V99-217(2.756,9), para LtEt/TC eficiência as cultivares que mais se destacaram foram V99-236 (17,35) e B80-408 (15,28).

Medina (2008), citado por Bracho Morán e Labrador Ramírez em (2012), realizou um projeto de investigação na Universidad del Valle del Momboy, Valera, estado de Trujillo, Venezuela, com o objetivo geral de estudar a viabilidade técnica e económica da produção de álcool nas usinas de açúcar do estado de Trujillo. Para o efeito, foi realizada uma pesquisa projectiva, com um desenho de pesquisa de campo não experimental, baseada nas teorias de diferentes autores, relacionadas com a inovação tecnológica e a viabilidade técnica económica de um projeto de investimento. A amostra foi composta por nove (09) trabalhadores de três (03) das mais conhecidas empresas da indústria panelera. Foi utilizado um questionário contendo dezesseis (16) questões do tipo Linker, validado por três (03) especialistas, com confiabilidade do coeficiente alfa de Combrach de 0,80, processado com estatística descritiva, tabelas de distribuição de frequências absolutas e relativas. Os resultados indicaram poucas contribuições em termos de difusão tecnológica em produtos e processos, falta de máquinas e equipamentos tecnológicos para essas inovações, verificou-se que o uso de vigilância tecnológica e previsão tecnológica não é muito difundido nas empresas de painéis de açúcar, há poucos que mantêm o desenvolvimento contínuo, foi possível identificar as causas que impedem a inovação tecnológica nas usinas de painéis de açúcar do estado de Trujillo, o escasso financiamento de fontes externas, custos muito altos, altos períodos de retorno e risco financeiro muito alto para o desenvolvimento da inovação.

Alvarado e El Ayoubi, (2007). Eles avaliaram 13 variedades de cana-de-açúcar (*Saccharum* spp. Hybrid) no campo experimental da UNESUR, estado de Zulia, na fase Soca II para fins preliminares de produção de etanol com os seguintes materiais: PR980, PR61-632, V64-10, B67-49, V83-3, V83-8, V83-16, V83-18, V83-21, V83-26, V83-31, CR74-250, RB73-9735l. Os resultados indicaram diferenças não significativas entre as variedades para TCH (Pr>f=0,1181), diferenças altamente significativas para TAH (Pr<f=0,0014), diferenças altamente significativas para Lt/Et/ha (Pr<f=0,0001) e para Efic/Lt/Et/Kg Cana, diferenças altamente significativas (Pr<f=0,0018); destacando-se as melhores variedades em termos de TCH a V83-3 (134,89), V83-21 (127,19) e V83-18 (124,44) com uma produção

média superior a 124,88 TCH na fase Soca II. Para TAH as variedades mais produtivas foram: V83-3 (15.21), V83-21(11.34), PR61-632 (11.19) com produção média superior a 11 TAH na fase Soca II, no que respeita a Lt/Et/ha as variedades mais destacadas foram: CR74-250 (39.767), V83-21 (36.516), PR61-632 (31.432), B67-49 (25.979) e V64-10 (23.919); a eficiência teve como variedades mais representativas CR7-250 (29.3 Kg/Lt/Et), V83-21 (35 Kg/Lt/Et) e PR61-632 (38.6 kg/Lt/Et).

Díaz *et al.*, (2003), citados por Bracho Morán e Labrador Ramírez em (2012), realizaram um ensaio de variedades nas zonas de cana-de-açúcar perimetrais à usina de açúcar do rio Turbio, estado de Lara; onde foram avaliadas 9 variedades (três controlos) de cana-de-açúcar, em fase de modelo, soca I e soca II, num desenho de blocos aleatórios, 3 replicações, 3 linhas por parcela com fios de separação de 1,5m. As variedades avaliadas foram: RB85-5035, RB85-5113, SP70-1284(T), RB85-5546, SP74-2005(T), RB85-5536, C266-70, C137-87 e PR69-2176(T); as variáveis consideradas foram TCH, TAH e produtividade. Os resultados dos três cortes indicaram que as melhores variedades em TCH foram: RB85-5035 (121), C266-70 (125) e RB85-5113 (114), os menores valores CP74-2005 (92), RB85-5636 (87), PR69-2176 (93). Quanto à variável TAH, os melhores resultados foram obtidos por: RB85-5113 (13,44), C137-83 (13,42), C266-70 (12,40), sendo os menores em TAH: RB85-5536 (9,13) e PR69-2176 (10,04). Em termos de rendimento, os melhores materiais foram C137-87 (12,01%), RB85-5113 (11,80%), CP74-2005 (11,24%) e os mais pobres foram C266-70 (9,36%) e RB85-5035 (10,19%). Relativamente aos três parâmetros avaliados (TCH, TAH, Rendimento), os melhores resultados foram registados simultaneamente pelas variedades RB85-5113 e C266-70.

Amaya *et al.*, (2003). Pesquisadores do INIA, avaliaram nos vales de Ureña (CAZTA), o grupo Nº 1 de variedades de fundacaña em um delineamento de blocos casualizados, três repetições, 3 linhas por parcela, distância entre linhas de 1,5m e 10m linear com 19 variedades em três ciclos modelo, soca I e II, considerando as variáveis tonelada de cana por hectare (TCH) e toneladas de açúcar por hectare (TAH), os materiais avaliados foram: B67-49, B74-118, SP70-1284, PR980, PR61-632, SP71-1406, RB85-5546, C85-92, C266-70, C137-81, SP72-4928, RB85-5536, RB85-5035, RB78-4148, CP72-2086, RB85-5113, V71-39, RAGNAR e B81-494. Os resultados durante os três ciclos indicaram que as melhores variedades em TCH foram: B67-49 (140), SP71-1406 (139), SP70-1284 (121), RB78-5148 (132), os resultados mais baixos foram B81-494 (84), RAGNAR (91) e V71-39 (90). Quanto à produção de toneladas de açúcar por hectare TAH os melhores materiais foram: PR980 (12), B74-118 (11,8) RB85-5546 (11,3), enquanto os de menor rendimento foram: B81-494 (6,8), SP72-4928 (8) e RAGNAR (7,8).

Valecillos (2002). Em áreas adjacentes à Central Azucarero Venezuela, ele realizou um ensaio regional de 17 variedades de cana-de-açúcar em um desenho de blocos aleatórios com 3 replicações e 3 linhas por tratamento, em modelo, soca I e soca II, as variedades semeadas foram: B82-101, V81-1, B82-279, V84-15, V84-8 B82-363, PR61632, V84-9 V8427, V84-2 V78-102, V78-106, V79-101, B82-211, B84-13, V64-10 e B82-12. Os parâmetros avaliados foram TCH, toneladas de panela por hectare TPH, rendimento TCH/TPH, % Pol e pureza. Os resultados dos três ciclos indicaram que as melhores variedades em termos de TCH foram: B82101 (192,32), V84-9 (180,85), V81-1 (174,18) e as mais deficientes foram V79-101 (115,90)

V64-10 (112,02) e B82-12 (106,73) em termos de TPH as melhores variedades foram: B82-101 (21,83) V84-15 (21,70) V81-1 (22,18) B82-12 (13,15) e V84-13 (15,62). Em termos de eficiência (TCH/TPH) as melhores variedades foram V79-101 (7,20) V78-102 (7,33) V84-15 (7,75) e PR61-632 (7,76), as mais pobres foram: B82-101 (9,33) V64-10 (9,24) e V84-9 (9,01) para % Pol as melhores variedades foram: V79-101 (13,98%) V78-102 (13,65%) V84-15 (12,90%), as mais deficientes em Pol foram V64-10 (10,88%) B82-101 (10,91%) e V84-9 (10,95%). Em termos de pureza, as análises indicaram que os melhores foram: PR61-632 (86,92%) V78-102 (86,13%) V79-101 (84,64%) V84-8 (84,97%); os mais pobres foram: B82-101 (77,68%) V84-9 (79,83%) e V64-10 (81,13%).

Base teórica

A cana-de-açúcar (*Saccharum spp.* híbrido) é um recurso natural renovável, pois é fonte de açúcar, biocombustível, fibras, fertilizantes e muitos outros produtos e subprodutos com sustentabilidade ecológica, sendo uma cultivar de grande importância, pois 80% do açúcar consumido no mundo é produzido a partir dela, É cultivada em todo o mundo e é fácil de expandir e propagar vegetativamente, permite uma gestão agronómica fácil, botanicamente a cana-de-açúcar pertence à família Poaceae, e existem várias espécies e muitas cultivares que produzem açúcar, panela e uso forrageiro (Aguilar Rivera, 2007; Sanhueza, 2009; Aguilar Rivera *et al.*, 2012).

Os nomes das variedades e híbridos são constituídos por um número de ordem, precedido das iniciais do local de origem. Por exemplo: V00-50 significa Venezuela, ano 2000, lote 50; B80-408 significa Barbados, ano 1980, lote 408. Cada variedade tem as suas próprias caraterísticas, ver quadro 1 (Bracho Morán e Labrador Ramírez, 2012).

Tabela 1. Taxonomia da cana-de-açúcar (Aguilar Rivera, 2007; Aguilar Rivera *et al.*, 2012).

Reino: Plantae	Divisão: Magnoliophyta
Classe: Liliopsida	Subclasse: Commelinidae
Encomendar: Poales	Família: Poaceae
Subfamília: Panicoidea	Tribo: Andropogoneae
Género: *Saccharum*	Espécies: híbridos spp.

Morfologicamente, a planta de cana-de-açúcar é uma cultura que se adapta muito facilmente a todos os tipos de condições agro-ecológicas, é composta por um sistema radicular que serve de âncora para a planta e é o meio de absorção de nutrientes e água do solo, é constituída por dois tipos de raízes: raízes da estaca original ou raízes superficiais, que têm origem no primórdio radicular, localizado no anel de crescimento da peça original (estaca) que é plantada, são finas, muito ramificadas e o seu tempo de vida dura até ao aparecimento das raízes nos novos rebentos e ocorre entre os 2 - 3 meses de idade (raízes permanentes ou raízes de suporte). As raízes permanentes, que brotam dos anéis de crescimento radicular dos novos rebentos, são numerosas, espessas e de crescimento rápido, e a sua proliferação avança com o desenvolvimento da planta. A quantidade, o comprimento e a idade dependem das variedades e dos factores ambientais, como o tipo de solo e a humidade, que influenciam estas caraterísticas (Gómez, 1975; Gravois e

Milligan, 1992). Na cana-de-açúcar, é difícil distinguir entre raízes superficiais e raízes de suporte, uma vez que estas se acumulam e desenvolvem maioritariamente nos primeiros 40 cm de profundidade (Labrador Ramírez *et al.*, 2020).

A faixa de temperatura ótima para o crescimento da cana-de-açúcar está entre 26°C e 30°C, temperaturas abaixo de 21°C retardam o crescimento dos colmos e a variação entre a temperatura máxima diurna e a mínima noturna estimula a concentração de sacarose. A produção de biomassa na cana-de-açúcar está diretamente relacionada com a radiação solar que intercepta, uma vez que quanto maior for a radiação solar, maior será a quantidade de biomassa e maior será a concentração de sacarose (Cock *et al.*, 1983; Gravois e Milligan, 1992).

Os colmos correspondem à secção anatómica e estrutural da planta da cana-de-açúcar, que é a de maior valor e interesse económico para o fabrico de açúcar e a produção de álcool, razão pela qual a sua composição química é de especial importância (Cock *et al.*, 1983).

O entrenó é a porção do caule, localizada entre dois nós na parte apical do caule, nos entrenós ocorre a divisão celular que determina o alongamento e o comprimento final. O diâmetro, a cor, a forma e o comprimento dos entrenós dependem da variedade, sendo as formas mais comuns os entrenós cilíndricos, em forma de barril, conoidais, obconoidais e bicôncavos (Gómez, 1975).

Uma vez colhido o pedúnculo, as raízes morrem, os gomos e primórdios radiculares da videira rebrotam para dar origem à soca, o número de cortes da cultura (pedúnculo e soca), depende da variedade, das práticas culturais e das condições ambientais no momento da colheita; ou seja, há uma tendência para diminuir a produção à medida que o número de cortes aumenta (Tecnicaña, 1986).

As folhas da cana-de-açúcar têm origem nos nós e distribuem-se em porções alternadas ao longo do caule, à medida que este cresce. Cada folha é composta por uma lâmina foliar, a bainha e a união destas forma a lígula e nas suas extremidades encontram-se as aurículas, que são por vezes pubescentes e por vezes glabras se não tiverem pêlos. A cor da lígula e da aurícula depende da variedade. A lâmina foliar é a parte mais importante para o processo de fotossíntese e a sua disposição na planta depende da variedade, sendo as mais comuns as pendentes ou caídas e as erectas (Gómez, 1975). A disposição da lâmina foliar na planta determina o rendimento, sendo possível encontrar variedades de alto ou baixo rendimento com diferentes disposições foliares em qualquer densidade de sementeira. A lâmina foliar é composta pela nervura mediana, disposta ao longo do seu comprimento, pelas nervuras secundárias paralelas a estas, pelos bordos com proeminências serrilhadas, cujo número e comprimento varia consoante a variedade. A bainha tem forma tubular, envolve o caule e é larga na base, podendo ser glabra ou com pêlos urticantes em número e comprimento, consoante a variedade. A coloração é verde quando tenra, mas muda para vermelho-púrpura quando a folha está completamente desenvolvida. A intensidade de aderência das vagens ao caule depende da variedade, sendo preferível o fácil desprendimento, uma vez desenvolvidas, pois facilita a queima, o corte da planta e reduz as impurezas durante a moagem (Tecnicaña, 1995).

A flor na cana-de-açúcar tem duas fases de desenvolvimento, a fase vegetativa originada pela divisão celular nos pontos de crescimento e a fase reprodutiva ou de floração, que é uma continuação da anterior e ocorre quando o fotoperíodo, temperatura, disponibilidade de água e nutrientes no solo são favoráveis (Labrador Ramírez *et al.*, 2020).

A inflorescência da cana-de-açúcar é uma panícula sedosa em forma de espiga. A flor é constituída por um eixo principal com articulações nas quais se inserem as espiguetas, uma à frente da outra, que contêm uma flor hermafrodita com duas antenas e um ovário com dois estigmas, cada flor é rodeada por longas pubescências que lhe conferem um aspeto sedoso. Em cada ovário existe um óvulo que, uma vez fecundado, dá origem ao fruto denominado cariopse ou o que vulgarmente se conhece como semente de cana-de-açúcar, que tem uma forma oval, com 0,5 mm de largura e 1,5 mm de comprimento (Tecnicaña, 1986).

Composição química da cana-de-açúcar. Em termos gerais, a composição química da cana-de-açúcar é o resultado da integração e interação de diversos factores que intervêm direta e indiretamente no seu conteúdo, variando entre lotes, localidades, regiões, condições climáticas, variedades, idade da cana, estado de maturação da plantação, grau de tombamento dos colmos, maneio incorporado, períodos de tempo avaliados, caraterísticas físico-químicas e microbiológicas do solo, grau de humidade (ambiente e solo), fertilização aplicada, entre outros (Bracho Morán e Labrador Ramírez, 2012).

Em termos globais, a cana-de-açúcar é constituída principalmente por sumo e fibra, sendo a fibra a parte insolúvel em água formada pela celulose, que por sua vez é composta por açúcares simples como a glucose (dextrose). Os sólidos solúveis em água, expressos em percentagem e representados pela sacarose, açúcares redutores e outros componentes, são vulgarmente designados por Brix. A relação entre o teor de sacarose presente no sumo e o Brix é denominada Pureza do Sumo. O teor de sacarose, expresso em % em peso e determinado por polarimetria, é conhecido como "Pol" (Labrador Ramírez *et al.*, 2020).

A energia solar é utilizada através do mecanismo de conversão fotossintético (fotobiológico) da planta, através do qual a energia da atmosfera é fixada pela planta em vários compostos de natureza orgânica, formando hidratos de carbono. CO_2 A energia da atmosfera é fixada pela planta em diversos compostos de natureza orgânica, formando hidratos de carbono. A biomassa produzida é então transformada em produtos com capacidade energética para substituir os derivados do petróleo, como o álcool combustível (anidro) ou o etanol (Barreto, 1980; citado por Labrador, 2004).

As matérias-primas vegetais que podem ser potencialmente utilizadas para produzir álcool são muito diversas, embora genericamente incluam preferencialmente as ricas em hidratos de carbono, que podem ser agrupadas em duas categorias do ponto de vista da fermentação:
(a) diretamente fermentáveis (glicose, frutose, sacarose)

(b) Indiretamente fermentáveis (amido, celulose)

(Bracho Morán e Labrador Ramírez, 2012; Labrador Ramírez *et al.*, 2020).

De acordo com estas categorias, as primeiras (diretamente fermentáveis) não necessitam de uma transformação prévia em glúcidos, como é o caso da sacarose, da glicose e da frutose. No caso das fontes indiretamente fermentáveis, é necessária uma transformação prévia em hidratos de carbono, a fim de as submeter à fermentação para que possam ser assimiladas pelas leveduras alcoólicas, como é o caso dos amidos e da celulose (Labrador *et al.*, 2008).

Embora todas estas fontes de hidratos de carbono possam ser fermentadas, devem ser consideradas inicialmente as que apresentam uma elevada concentração deste componente na matéria-prima, que por sua vez devem ter uma elevada produtividade agrícola (t/ha), rendimento alcoólico e rentabilidade (¢/litro). Tanto o amido como a celulose devem ser previamente convertidos (desdobrados) em açúcares fermentáveis antes de serem submetidos à fermentação alcoólica (Barreto 1980; citado por Labrador, 2004).

Da composição da cana, 99% corresponde aos elementos hidrogénio, carbono e oxigénio. A sua distribuição no caule é de aproximadamente 74,5% de água, 25% de matéria orgânica e 0,5% de minerais (Bracho Morán e Labrador Ramírez, 2012). Para muitos tecnólogos e especialistas, a cana-de-açúcar como matéria-prima consiste principalmente em fibra e sumo:

CANA = SUMO + FIBRA

CANA = FIBRA + SÓLIDOS SOLÚVEIS (BRIX)

A fibra é definida como a fração de substâncias insolúveis em água que tem interesse não só pela sua quantidade mas também pela sua natureza, e o sumo como uma solução diluída e impura de sacarose. A qualidade e o teor do sumo dependem em grande medida da matéria-prima de que provém. A elevada % de fibra dificulta a extração do sumo retido nas células do tecido parenquimatoso do caule, o que implica e obriga a uma excelente preparação da matéria-prima para a moagem, tentando obter uma maior desintegração e rutura das células que contêm o sumo (Bennett 1980 citado por Labrador Ramírez et al., 2020).

Os sólidos solúveis são representados, como indicado acima, por açúcares e não-açúcares orgânicos e inorgânicos. Os açúcares são representados pela sacarose, glicose e frutose, sendo que a primeira apresenta a maior porcentagem, podendo atingir valores próximos a 18%. Os outros açúcares no sumo aparecem em proporções variáveis, dependendo do estado de maturação da matéria-prima. A sacarose é facilmente hidrolisada em soluções ácidas de acordo com a seguinte reação:

$$C_{12}H_{22}O_{11} + H_2O \text{ ----------------------} C_6H_{12}O_6 + C_6H_{12}O_6$$

Sacarose   **Glucose Frutose**

Esta reação hidrolítica é geralmente designada por inversão, e os monossacáridos produzidos, glicose e frutose, são designados por açúcares redutores. A presença de um teor elevado destes açúcares nos colmos indica um estado de imaturidade, com a presença de outras substâncias indesejáveis, como o amido. No caso dos colmos maduros, os açúcares redutores contribuem relativamente pouco para o aumento da recuperação do açúcar sob a forma de cristais (Gravois e Milligan, 1992).

Na produção de álcool, a utilização de canas que ainda não atingiram um estado de maturação satisfatório pode causar problemas, devido à possível presença de substâncias indesejáveis para a fermentação, uma vez que, como indicado, na produção de álcool o que interessa é a quantidade de Açúcares Fermentáveis Totais (AFT) (Alvira *et al.*, 2010).

Indicadores da produção de cana-de-açúcar

Índice de maturação. É o momento em que a cultura da cana-de-açúcar atinge o ponto de maturidade fisiológica e está pronta para a colheita, determinado pela quantidade de sólidos solúveis totais (SST) presentes em toda a estrutura do colmo (Alvira *et al.*, 2010).

Existem várias maneiras de considerar a maturação da cana-de-açúcar, a primeira é chamada de maturação botânica e é atingida quando a flor aparece, a segunda é a maturação fisiológica e ocorre quando o caule atinge o maior armazenamento de açúcar (sacarose) e outros sólidos que podem ser medidos com um refratómetro e a terceira é chamada de maturação económica e corresponde ao momento em que o teor mínimo de sacarose é superior a 13% numa base de peso seco da cana-de-açúcar (Uzcátegui, 1985, citado por Labrador, 2004).

O método mais comum utilizado é o da maturidade fisiológica, que consiste em medir a quantidade de sacarose com um refratómetro manual, o °Brix presente nos entrenós superiores e o °Brix dos entrenós inferiores do mesmo colmo de cana, de forma a obter a razão entre eles como indicador do grau de maturidade (Alvira *et al.*, 2010).

As toneladas de cana-de-açúcar por hectare (TCH) referem-se à quantidade de cana-de-açúcar verde produzida por unidade de área (ha.) onde nem a folhagem nem a raiz são consideradas, é uma função do rendimento por variedade e representa entre 50% e 80% da biomassa total colhida dos caules de cana-de-açúcar verde (Gravois e Milligan, 1992).

Litros de etanol por hectare (LEH). Refere-se à quantidade de etanol produzida por unidade de superfície (ha) e é obtida através do processo de extração do caldo de cana ou de qualquer outro derivado, que é fermentado por indução química e submetido a um processo de destilação para separar o álcool da água a uma temperatura entre 75°C e 80°C (Bracho Morán e Labrador Ramírez, 2012).

Fabrico de álcool. O álcool é produzido a partir da fermentação de hidratos de carbono (açúcares ou amido), cuja matéria-prima dependerá dos recursos e das instalações específicas disponíveis em cada país. Ao contrário dos combustíveis fósseis, que provêm da energia armazenada durante longos períodos em restos fósseis, os biocombustíveis provêm da biomassa, ou seja, da matéria orgânica que constitui todos os seres vivos do planeta. A biomassa é uma fonte de energia renovável, pois sua produção é muito mais rápida do que a formação de combustíveis fósseis. A cana-de-açúcar é a fonte mais adequada para a produção de etanol, uma vez que os açúcares que contém são simples e diretamente fermentáveis pela levedura (Aro, 2016).

Figura 1. Esquema proposto para a obtenção de etanol a partir de cultivares de cana-de-açúcar na Hacienda La Glorieta, Santa Bárbara de Zulia, Estado de Zulia.

O processo de obtenção de etanol a partir da cana-de-açúcar envolve a extração do caldo de cana (rico em açúcares) e o seu acondicionamento para o tornar mais assimilável pelas leveduras durante a fermentação. Do caldo resultante da fermentação, a biomassa deve ser separada para dar lugar à concentração do etanol através de diferentes operações unitárias e à sua posterior desidratação, na qual é utilizado como aditivo oxigenante, ver figura 1 (Aro, 2016).

Sistemas de hipóteses

Hipótese alternativa (Hi). Existem diferenças na produção de etanol para as 11 variedades de cana-de-açúcar avaliadas no Campo Experimental da UNESUL.

Hipótese nula (H0). Não há diferenças na produção de etanol para as 11 variedades de cana-de-açúcar avaliadas no Campo Experimental da UNESUL, algumas delas apresentaram baixo rendimento de etanol.

Sistemas variáveis

Tabela 2: Sistemas de variáveis propostos para avaliar o rendimento para a produção de etanol em 11 cultivares de cana-de-açúcar na zona sul do Lago de Maracaibo.

Variáveis	Descrição	Unidades
Dependentes	**Rendimento em etanol**	**LtEt/Ha** **LtEt/TC**
Independente	**As 11 cultivares de cana-de-açúcar, brotação, maturação, TCH, TAH, concentração de etanol**	**Variedades** **%** **°Brix** **Tn**
Intervenientes	**Condições edafoclimáticas**	**mm, °C, %, %, mm, °C**

Capítulo III. Quadro metodológico

Tipo e conceção da investigação. O tipo de investigação será experimental e de campo, o modelo quantitativo, foi efectuada a amostragem de colmos para os tratamentos de campo de plantas maduras a serem colhidas (Sabino, 1992; Sabino, 2002). As amostras foram submetidas a um processo de extração de sumo, analisadas e processadas em laboratório, obtendo-se etanol a partir do sumo de cana fermentado.

O desenho da investigação foi realizado experimentalmente em blocos completamente aleatórios com três repetições e 11 tratamentos ou variedades, o fio central foi tomado como uma amostra de 3 kg/repetição cada um para um total de 99 quilos por tratamento/repetição (Bracho Morán e Labrador Ramírez, 2012).

População e amostra. É representada por plantas estabelecidas numa superfície plana efectiva de 3.000 m², com parcelas experimentais de 45 m², divididas em três linhas de 1,5 metros entre linhas e 10 metros de comprimento, com 6 metros entre cada bloco. A população total compreende 11.880 plantas, as onze variedades avaliadas são: V91-8, V98-86, V91-01, V99-217, C323-68, V98-120, V99-236, B80-408, V00-50, V99-190, CP74-2005 (Bracho Morán e Labrador Ramírez, 2012).

As amostras consideradas foram 3960 plantas do fio central, retiradas completamente ao acaso de cada tratamento de cana-de-açúcar a uma taxa de três amostras/tratamento para um total de 99 amostras, com um peso de aproximadamente 2-4 kg por amostra, para garantir que os resultados obtidos são representativos e fiáveis (Bracho Morán e Labrador Ramírez, 2012).

Materiais e métodos de investigação. O ensaio foi estabelecido na fazenda La Glorieta de la UNESUR, município de Colón, ao sul do Lago Maracaibo, estado de Zulia, em uma zona agroecológica de floresta tropical, onde as condições climáticas são: temperatura máxima média de 32,95°C e mínima de 22,91°C, radiação solar média de 410,24 Mj/ .h, precipitação de 1.564,61 mm/ano, baixa nebulosidade, umidade relativa máxima de 92,24%, mínima de 53,37%, altitude de m4 .s.l. e mínima de 53,37%.m^2.h, uma precipitação de 1.564,61 mm/ano, nebulosidade escassa, humidade relativa máxima 92,24% mínima 53,37%, altitude de m4 .s.n.m e velocidade máxima do vento 8,53 m/seg. Localizado nas coordenadas Latitude Norte: 08°58'51.9" Longitude Oeste: 71°55'21.9" (Bracho Morán e Labrador Ramírez, 2012).

A investigação teve início em junho de 2008 com a sementeira de estacas das variedades V91-8, V98-86, V91-01, V99-217, C32-368, V98-120, V99-236, B80-408, V00-50, V99-190, CP74-2005, provenientes do material genético do centro de investigação do INIA Táchira, Estado de Táchira. A área de terreno a ser utilizada é de 3000 m^2 de topografia plana previamente preparada com uma passagem de charrua, duas passagens de grade e uma passagem de sulco. m^2A parcela experimental considerada será de 45 m, 1,50 m entre sulcos e 10 m de comprimento, com uma separação entre os três blocos de 6 m. Para a avaliação das amostras, será considerado o sulco central de 120 gemas por sulco para um total de 3960 plantas (Bracho Morán e Labrador Ramírez, 2012).

O plantio do gabarito (ano 2008-2009) foi realizado com uma densidade de 12 gemas/metro linear de sulco sob um delineamento experimental de blocos completamente casualizados com três repetições, parcelas de 3 linhas e 10 tratamentos, o ensaio foi conduzido pelo ciclo do gabarito; a colheita do gabarito foi realizada após treze meses (julho de 2009), de acordo com um cronograma de atividades. [24]A fertilização na fase de modelo foi realizada de acordo com a análise do solo com 280 kg/ha de ureia (N H CO), 200 kg/ha de superfosfato triplo e 430 kg de cloreto de potássio (KCl), aplicando todo o fósforo 1/3 de nitrogênio e 1/3 de potássio no plantio, 1/3 de nitrogênio e 1/3 de potássio aos 45 dias e o restante do fertilizante aos 90 dias (Labrador Ramirez *et al.*, 2020).

A amostra de solo foi coletada 60 dias antes da semeadura e os resultados revelaram (Diaz *et al.*, 2003) solo com 40 cm de profundidade, textura franco-argilosa, alto teor de fósforo 46 ppm, alto teor de potássio 212 ppm, médio teor de cálcio 65 ppm, média matéria orgânica 3,37%. As variáveis avaliadas foram as 11 variedades de cana-de-açúcar, % de rebrota, aspeto geral da cultura, índice de maturação e as variáveis de produção toneladas de cana por hectare (TCH), toneladas de açúcar por hectare (TAH), litros de etanol por hectare (LtEt/Ha), litros de etanol por tonelada de cana (LtEt/TC), % de rendimento de extração, % de sacarose °Brix. Aos 45 dias após o estabelecimento da planta, foram feitas observações preliminares e avaliações da brotação e do aspeto geral da cultura de cada uma das variedades. A partir dos 10 meses (280 dias), a brixometria da cultura foi determinada a cada 20 dias para obter o índice de maturação até aos 360 dias (Bracho Morán e Labrador Ramírez, 2012).

Quando cada uma das variedades atingiu o ponto de maturação, foram colhidas 10 amostras de caules no sulco central, pesadas e enviadas para o laboratório do INIA Yaracuy onde foram analisadas (%Pol, sacarose, peso do caule, °Brix, entre outros) (Bracho Morán e Labrador Ramírez, 2012).

Em seguida, foram colhidos 3 colmos de cana no fio central de cada tratamento e levados para a moenda onde se extraiu o caldo, pesando-o e medindo o seu volume, passando-o por um filtro para reter as partículas estranhas grosseiras, depois retirou-se uma porção de 1000 mL para fazer o meio de cultura no laboratório, depois esterilizaram-se os materiais e o caldo de cana onde se formou o inóculo, após o que se deixou em repouso para baixar a temperatura. $_{24}$O pH foi medido e ajustado a 4,5 por adição de ácido sulfúrico (H SO 1M) até se obter um pH 4,5.5, depois adicionou-se a levedura do tipo *Saccharomyces cerevisiae* 10g, 0,65g de sulfato de cálcio, 0,5g de ureia e pequenas quantidades de sulfato de zinco, cobalto e magnésio, depois levou-se para a incubadora com uma temperatura de 32°C e deixou-se repousar durante 24 horas (ver figura 1) (Bracho Morán e Labrador Ramírez, 2012).

Uma vez criado o meio de cultura, realizou-se a inoculação para as 33 amostras de 100ml, tomando o °Brix de cada caldo de cana, em seguida foi colocado em um kitasato esterilizado de 100ml vedado com uma rolha de borracha e no final da boca fina foi esticada uma mangueira, repousando em um recipiente (Baker) com água para garantir a $CO_2$$_{224}$p roduzido pelo processo de fermentação para aliviar a pressão do recipiente, garantindo um ambiente completamente livre de O, em seguida, o pH foi medido da mesma forma que com o meio de cultura, ajustando o pH 4,5 com ácido sulfúrico (H SO 1M), em seguida, inoculado com o meio de cultura com 3% do volume de caldo de cana (3ml), essas amostras foram colocadas em uma incubadora a uma temperatura de 32°C por um período de 5 dias (Reyes *et al*, 2022).

Uma vez terminada a fermentação das amostras, determinou-se o tempo ótimo de fermentação (10 a 12 dias), depois mediu-se o °Brix das amostras para comparar as concentrações de açúcares antes e depois da fermentação, depois realizou-se a destilação de cada sumo fermentado, colocando 100 ml num balão de destilação (500ml) para o instalar no evaporador rotativo onde se realizou o processo de destilação, uma vez que o termómetro indicou uma temperatura de 76°C o líquido obtido foi descartado, Uma vez que o termómetro indica uma temperatura de 76°C o líquido obtido é descartado, recolhendo-se de 78°C a 92°C onde se obterá o etanol mais uma pequena percentagem de água, depois mediu-se o produto obtido da destilação numa proveta graduada, depois tomaram-se pequenas quantidades de etanol para medir o índice de refração com o refratómetro digital, Após a conclusão do processo de destilação, foram determinados o rendimento de etanol por hectare (LtEt/Ha) e a eficiência (LtEt/TC) para todas as amostras (Bracho Morán e Labrador Ramírez, 2012).

Técnicas de instrumentação de recolha de dados.

- A partir do segundo mês após a sementeira, foram efectuados testes e recolhidas amostras de % de germinação para cada uma das variedades semeadas.

- A partir do quarto mês, foi determinado o número de caules moídos por tratamento e observações gerais sobre a adaptação da cultura.

- A curva de maturação foi determinada com o refratómetro a partir dos 280 dias após a plantação, medindo a intervalos de 20 dias, em 5 caules aleatoriamente a partir do sulco central no topo e depois na base (refratometria) do caule até aos 360 dias.

- Dias antes da colheita, foram colhidas aleatoriamente amostras de 10 caules moídos da fila central de cada tratamento para serem analisadas no laboratório do INIA de Yaracuy para obter a %Pol, o peso do bagaço e outros dados.

- Uma vez maduros em mais de 50%, foram colhidos 3 caules moídos por tratamento e repetição para a extração do sumo a transformar com a prévia fermentação em etanol (pesagem, fermentação, destilação e sumo extraído), processo que foi realizado no laboratório de Química da UNESUR, onde se obteve a concentração de etanol e os rendimentos LtEt/Ha e LtEt/TC.

- Após a maturação de todas as variedades, procedeu-se à colheita e à recolha definitiva para medir as toneladas de cana por hectare (TCH).

⬥ A percentagem de sacarose, a percentagem de pureza e o teor de açúcar por tonelada por hectare (TAH) foram determinados por análise laboratorial das amostras.

Todo o processo de avaliação do ensaio foi registado em actas de campo com valores tabelados para serem analisados e interpretados (Bracho Morán e Labrador Ramírez, 2012).

Técnicas de análise e tratamento de dados. A cana foi colhida na soca I, determinando-se o peso em toneladas de cana por hectare (TCH) para cada um dos tratamentos. As amostras foram analisadas no laboratório de química da UNESUL, através da fermentação do caldo de cana, da destilação do caldo fermentado e da medição do índice de refração e do volume do produto obtido, para avaliar as caraterísticas físicas e químicas do etanol. Os resultados relativos ao rendimento, à qualidade e à quantidade de etanol produzido foram então determinados. Para o estudo da informação foi utilizada uma análise estatística de variância e o teste de média de Tukey com o programa estatístico SPSS for Windows para as variâncias TCH, % Pol, TAH, concentração de etanol, LtEt/Ha, LtEt/TC. Todas as variáveis analisadas serão interpretadas por meio de figuras de histograma, curvas de interpretação, comparações na fase de gabarito com Soca I e, em seguida, os resultados serão interpretados (Bracho Morán e Labrador Ramírez, 2012; Ramírez et al., 2020).

Capítulo IV. Resultados e discussão

ºO índice de maturação das variedades é mostrado na figura 2, que indica o ponto de colheita do ensaio que começou com a amostragem das leituras de Brix. De acordo com estes valores, verifica-se que as variedades V98-120, B80-408, V00-50 e V99-190 se comportaram como tardias, uma vez que não ultrapassaram o valor indicativo de maturidade fisiológica (Pm: 0,95 - 1), apesar de estarem a cumprir o ciclo da cultura e não estarem aptas para a colheita, uma vez que o seu indicador de maturidade varia entre 0,7 e 0,9 para as condições do município de Colón. Para otimizar o rendimento das variedades estabelecidas, a colheita deve ser realizada no ponto ótimo de maturação da cultura, onde a elevada concentração de sólidos solúveis presentes no caule favorece o rendimento na produção de sacarose, contribuindo para a produção de panela.

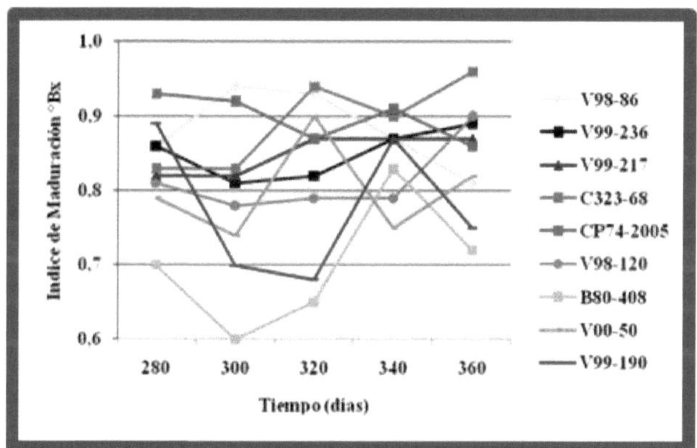

Figura 2. Índice de maturação das variedades tardias em estudo em onze cultivares de cana-de-açúcar (híbrido *Saccharum* spp.) durante um ciclo de produção.

A Figura 3 mostra que as variedades V91-8, V91-01, atingiram o ponto de maturação fisiológica antes de cumprir o ciclo da cultura (360 dias) comportando-se como variedades precoces, pois seu índice de maturação ultrapassa o valor de 0,95 obtido na brixometria no momento da leitura no campo, onde mais de 50% dos materiais estavam no ponto de colheita antes de cumprir o ciclo da cultura. Neste sentido, pode-se dizer que a maturação ou ponto de colheita na cana-de-açúcar é afetada pelas caraterísticas genéticas da própria variedade, mas restringida pelas condições ambientais (Valecillos, 2003).

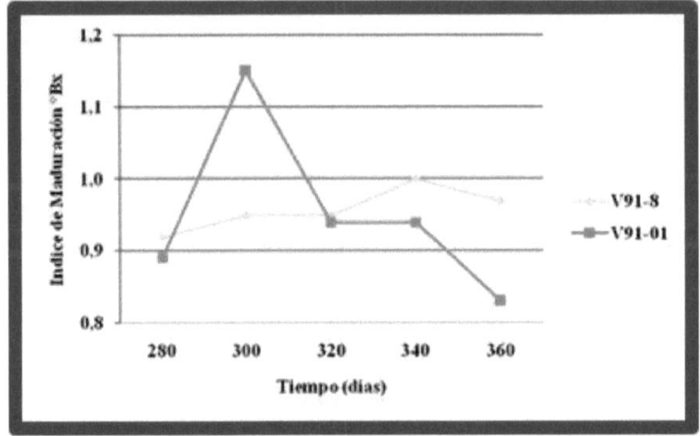

Figura 3. Índice de maturação das variedades precoces em estudo em onze cultivares de cana-de-açúcar (*Saccharum* spp. híbrido) durante um ciclo de produção.

A Figura 4 mostra o teste de médias de Tukey para a resposta à variável rendimento em TCH, onde os resultados de acordo com a ANOVA revelaram diferenças significativas (Pr>f = 0,0209) para esta variável, onde três grupos de médias podem ser apreciados, o primeiro grupo conformado pelos valores mais altos em TCH para as variedades V91-8, V98-120, V99-190 em uma média de 73,04; um segundo grupo intermédio conformado pelas variedades V91-01, V99-217 e V00-50 com um valor médio em TCH de 57,17; e um terceiro grupo com valores baixos em TCH conformado pelos materiais V98-86, C32-368, V99-236 e CP74-2005 numa média de 35,68.

Esta resposta não excede os valores dos ensaios realizados por Alvarado e El Ayoubi, em 2007 com as mesmas condições e com outras cultivares de açúcar, onde o rendimento médio foi de 131,04 para a variável TCH na fase soca II e uma diferença não significativa para esta variável; deve-se notar que os rendimentos desta variável na área foram afetados por condições ambientais desfavoráveis para o desenvolvimento da cultura, pois apresentou um período de seca extrema durante a fase crítica e desenvolvimento da cultivar (Bracho Morán e Labrador Ramírez, 2012).

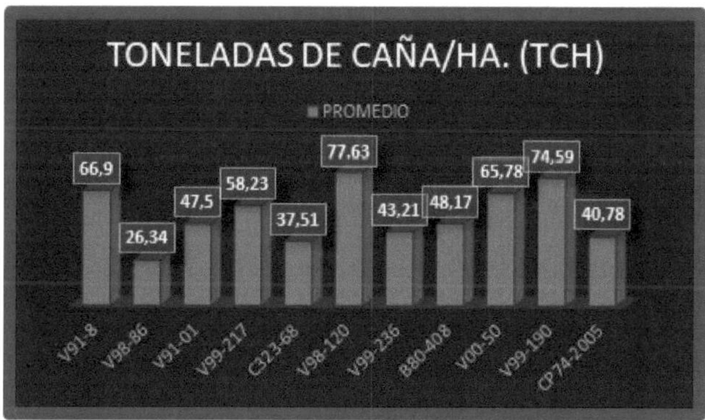

Figura 4. Toneladas de cana por hectare em onze cultivares de cana-de-açúcar (*Saccharum* spp. híbrido) durante um ciclo de produção.

A figura 5 mostra os resultados obtidos para a variável percentagem de Pol, onde a variedade com melhores resultados foi: CP74-2005 (54,6%) e a menor percentagem de Pol obtida foi V99-217 (12,93%). O resto das variedades estudadas comportaram-se de forma semelhante, obtendo valores entre (20,73 e 42,47%), valores considerados óptimos para uma zona de elevada humidade e elevada pluviosidade.

Figura 5. Percentagem de Pol (sacarose) em cultivares de cana-de-açúcar (híbridos de *Saccharum* spp.) durante um ciclo de produção.

É possível que a elevada Pol % expressa pelas variedades se deva a uma boa fertilidade do solo e às caraterísticas genéticas da variedade, uma vez que uma Pol % (TSS) elevada é um indicador de um elevado rendimento em sacarose, açúcar e etanol (Gómez, 1975).

A Figura 6 mostra as médias para a variável TAH onde os resultados indicaram duas situações distintas: um primeiro grupo com valores de produção de açúcar em média 10,18 TAH, composto por V91-8, V98-120, V99-190 e um grupo com os menores valores em média 6,11 TAH, composto por V98-86, C323-68, B80-48.

Toneladas de açúcar por hectare em cultivares de cana-de-açúcar (*Saccharum* spp. híbrido) durante um ciclo de produção na Hacienda La Glorieta, Santa Bárbara de Zulia.

Estes rendimentos de açúcar são semelhantes ao ensaio realizado em zonas óptimas para o cultivo de cana-de-açúcar no país, Amaya *et al.*, 2003 na localidade de Ureña, estado de Táchira, onde os melhores resultados foram para as variedades PR980 (12TAH) e B74-118 (11,8TAH). É importante ressaltar que os altos rendimentos de açúcar são devidos ao alto teor de Pol das variedades, o que pode ser refletido nos rendimentos de álcool.

A Figura 7 mostra a resposta para a variável concentração de etanol onde os resultados revelaram uma diferença altamente significativa entre os materiais, diferenciando em dois grupos cujos maiores valores foram obtidos pelas cultivares V91-01, C32-368 e CP74-2005 com uma média de 46,97 e um segundo grupo com menores valores em média de 15,48 nas cultivares V99-217, B80-408 e V00-50.

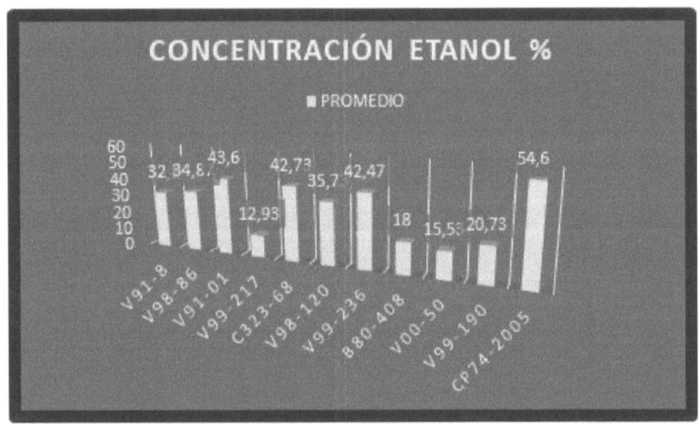

Concentração de etanol (%) em onze cultivares de cana-de-açúcar (híbridos de *Saccharum* spp.) durante um ciclo de produção.

Estes resultados superam a pesquisa realizada por Labrador *et al*, 2016 cujas médias variaram: V99-236 (31,17%) e B80-408 (24,2%), isso possivelmente é atribuído aos índices de refração obtidos para cada variedade onde se obteve uma média baixa e de forma constante em seus valores, que quando interpolados para o método tabelado SSPS da linha de calibração (Índice de Refração vs % Etanol) manifestam que a qualidade da concentração, ou seja, que a eficiência da qualidade do etanol para as 11 variedades são aparentemente iguais e para fins de seleção deve ser considerada a variedade que produziu o maior volume de etanol.

No trabalho de Alvarado e Amaya (2021), foram utilizadas diferentes técnicas para o aproveitamento de resíduos lignocelulósicos, como o bagaço de cana-de-açúcar, através de uma série de fases que incluíram: prétratamento da matéria-prima, hidrólise enzimática, fermentação dos açúcares por meio de leveduras e, finalmente, a fase de destilação para a obtenção de bioetanol. Neste estudo, trabalhou-se diretamente com a matéria-prima e procedeu-se à fermentação com *S. cerevisae*, o que resultou numa produção aceitável de etanol (Figura 1).

A Figura 8 mostra a resposta para a variável eficiência (LtEt/TC), para o teste de média de Tukey, onde de acordo com a análise de variância a eficiência foi altamente significativa (Pr>f=0,001). Com efeito, nos valores absolutos pode-se corroborar que há diferença, destacando-se como as melhores cultivares (V98-86, V99-236 e CP74-2005) que produzem mais litros de etanol por tonelada de cana.

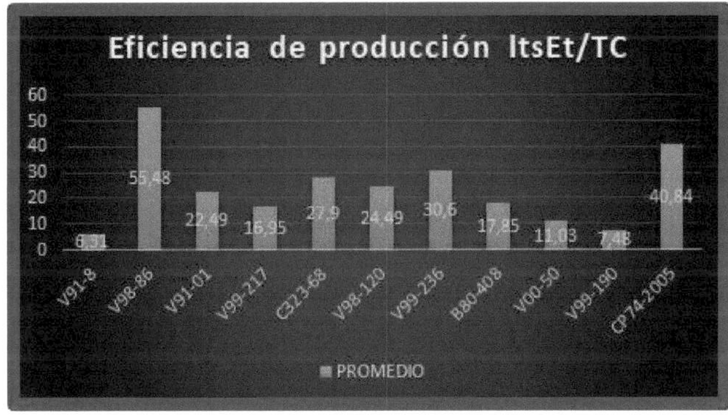

Eficiência (LtEt/TC) em onze cultivares de cana-de-açúcar (*Saccharum* spp. híbrido) durante um ciclo de produção.

Esses resultados foram superiores à pesquisa realizada por Labrador *et al.*, 2016, cuja resposta à variável eficiência (LtEt/TC), para o teste de média Tukey indicou diferenças não significativas; isso se deveu ao comportamento semelhante obtido pelas diversas cultivares avaliadas.

A Figura 9 mostra os resultados do teste de média Tukey para a variável LtEt/Ha em que a análise de variância mostrou diferenças significativas (Pr>f=0,03) entre as variedades que podem ser atribuídas aos altos teores de % de sacarose, onde são identificados três grupos de médias, o grupo mais eficiente conformado pelas variedades com maior produção em LtEt/Ha: V98-86 V98-120 e CP74-2005 numa média de 1717,29LtEt/Ha, um grupo intermediário formado pelas variedades V91-01, C32-368, V99-236 com uma média de 1138,42LtEt/Ha e um terceiro grupo formado pelas variedades mais deficientes V91-8, B80-408, V00-50 e a V99-190 com uma média de 603,82LtEt/Ha. Estes volumes de etanol obtidos são aparentemente bons para a zona climática do município de Colón devido às altas taxas de precipitação que afectam a área. Esta resposta é semelhante aos resultados relatados por Alvarado e El Ayoubi (2007) para esta mesma variável com diferentes variedades, onde obtiveram maiores volumes de etanol. Da mesma forma, os dados obtidos foram inferiores em comparação com o ensaio de fase de modelo realizado por López e Márquez (2009), onde os melhores resultados obtidos para esta variável foram V99-236 e V99-217 com uma média de 2.908,9 LtEt/Ha.

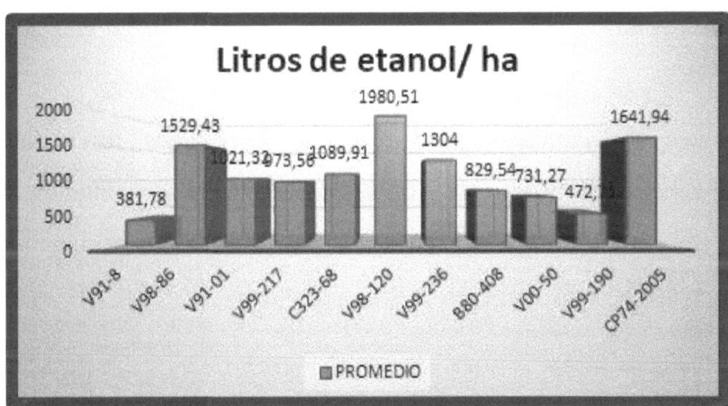

Figura 9. Litros de etanol por hectare em onze cultivares de cana-de-açúcar (*Saccharum* spp. híbrido) durante um ciclo de produção na Hacienda La Glorieta, UNESUR, Santa Bárbara de Zulia, Venezuela.

Para a produção de etanol em termos de qualidade, quantidade e pureza no município de Colón, devem ser plantadas as cultivares V91-8, V99-236 e CP74-2005, que apresentaram os melhores resultados neste estudo. Por outro lado, para estabelecer ensaios de produção vegetal, é necessário dispor de ferramentas tecnológicas que ajudem a reduzir o efeito das condições climáticas e permitam o bom desenvolvimento das culturas de cana-de-açúcar. Para estudos futuros, é necessário aumentar o número de réplicas, a fim de obter resultados mais precisos no que respeita à produção e à qualidade do etanol obtido a partir da cana-de-açúcar.

Capítulo V. Conclusões e recomendações
Conclusões

- O Índice de Maturação, na maioria das variedades, foi afetado pela elevada precipitação na área, atrasando a maturação, no entanto, aos 360 dias, metade do ensaio (2 variedades) mostrou níveis óptimos de maturação (V91-8, V91-01).

- Os valores óptimos de toneladas de cana por hectare foram expressos pelas variedades V91-8, V98-120, V99-190 com uma média de 73,04 TCH.

- Foram obtidos valores excelentes para o rendimento em % Pol, para uma zona de elevada pluviosidade, onde a variedade que melhor respondeu foi a: CP74-2005 com uma média de 54,6%.

- As variedades de cana-de-açúcar que apresentaram os melhores resultados foram: V91-8, V98-120, V99-190 com uma média de 10,18 TAH.

- Os resultados do volume de produção em litros de etanol por hectare as melhores variedades foram V98-86, V98-120, CP74-2005 indicando uma média aceitável de 1717,19LtEt/Ha para a área.

- As variedades mais eficientes em termos de litros de etanol por tonelada de cana são a V98-120 (6,43LtEt/TC), a B80-408 (6,17LtEt/TC) e a CP72-2005 (6,23LtEt/TC).

Recomendações

- Para efeito de produção em termos de qualidade e pureza do etanol no município de Colon, as cultivares V91-8 (15,85%), V99-236 (15,68%) e CP74-2005 (54,6%) devem ser plantadas por apresentarem as melhores concentrações neste ensaio.

- Para estabelecer ensaios de produção vegetal, é necessário dispor de ferramentas tecnológicas que ajudem a reduzir o efeito das condições climáticas e que permitam o bom desenrolar dos estudos a efetuar.

- Para continuar o projeto, é necessário aumentar o número de réplicas, a fim de obter resultados mais precisos em termos de produção e qualidade do etanol.

Referências

Aguilar Rivera, N. (2007). Bioetanol de cana de açúcar. Avances en Investigación Agropecuaria. 11, (3): 25-39. Disponível em: https://www.redalyc.org/pdf/837/83711303.pdf

Aguilar Rivera N.; Galindo Mendoza, G.; Fortanelli Martínez, J. (2012). Avaliação agroindustrial do cultivo de cana-de-açúcar (*Saccharum officinarum* L.) usando imagens SPOT 5 HRV em Huasteca México. Revista da Faculdade de Agronomia, La Plata. 111 (2): 64-74.

Alvarado Ludeña, G. R.; Amaya Pinos, J. B. (2021). Obtenção de bioetanol a partir do bagaço de cana-de-açúcar por hidrólise enzimática. [Tese de licenciatura]. Universidade Politécnica Salesiana. Cuenca, Equador. 200 p. Disponível em: http://dspace.ups.edu.ec/handle/123456789/21229

Alvarado, J.; El Ayoubi, B. (2007). Etanol: Alternativa para a obtenção de combustível a partir de treze variedades de cana-de-açúcar (*Sacharum* spp. híbrido) na Fase Soca II. [Tese de licenciatura]. Universidade Nacional Experimental Sul do Lago "Jesús María Semprum". Engenharia de Produção Animal. Santa Bárbara de Zulia, Estado de Zulia. 98 p.

Alvira, P., Tomás-Pejó, E., Ballesteros, M., Negro, M. J. (2010). Tecnologias de pré-tratamento para um processo eficiente de produção de bioetanol baseado na hidrólise enzimática: Uma revisão. Bioresource Technology. 101(13), 4851-4861. https://doi.org/10.1016/j.biortech.2009.11.093

Amaya, F.L.; Hernández, E.Y.; Carrillo, P.; Lindarte, O.; Bonilla, N. (2003). Caracterização do sistema de produção de cana-de-açúcar no Vale de San Antonio-Ureña, Estado de Táchira, Venezuela. Caña de azúcar. 21 (1): 17-39. Disponível em: http://sian.inia.gob.ve/canadeazucar/cana2101/arti/amaya_l.htm

Aro, E. M. (2016). Dos biocombustíveis de primeira geração aos biocombustíveis solares avançados. Ambio. 45 (S-1): 24-31. Disponível em: https://doi.org/10.1007/s13280-015-0730-0

Bracho Morán, N.J.; Labrador Ramírez, J.R. (2012). Avaliação do rendimento de etanol em 11 cultivares de cana-de-açúcar (*Saccharum* spp híbrida) em um ciclo de produção. [Trabalho de conclusão de curso especial]. Universidade Nacional Experimental de Táchira. Vice-reitoria Acadêmica. Pró-reitoria de Pós-graduação. 100 p.

Bull, A. (1969). Eficiência da fotossíntese e respiração no ciclo de Calvin e ácido carboxílico C4 em plantas. Crop. Sci. 9. 726-729.

Castaño, P. e Mejia, G. (2008) Revista de la Facultad de Química Farmacéutica volume 15 número 2, p. 251-258 Universidad de

Antioquia Medellín. Colômbia.

Castro Martínez, C.; Beltrán Arredondo, L.l.; Ortíz Ojeda, J.C. (2012). Produção de Biodisel ou Bioetanol Uma alternativa sustentável para a crise energética? Revista Ra Simhai de Sociedade, Cultura e Desenvolvimento Sustentável. 8 (3): 93-100. Disponível em: chrome-extension://efaidnbmnnnibpcajpcglclefindmkaj/https://uaim.edu.mx/w ebraximhai/Ej-25barticulosPDF/9%20CASTRO-MARTINEZ.pdf

Cock, J. H.; Luna, C. A. e Palma, A. (1983). Clima e rendimento da cana-de-açúcar. Centro de Investigaciones de la Caña de Azúcar de Colombia (Cenicaña). Série Técnica No. 12.

D'Hont A.; Ison, D.; Alix, K. ; Roux, C. ; Glaszmann, J.C. 1998. Determinação de números cromossómicos básicos no género *Saccharum* por mapeamento físico de genes de RNA ribossómico. Genoma. 41: 221-225.

Díaz, E; Garrido, A e Anzola, H (2003). Instituto Nacional de Investigação Agrária (INIA). Avaliação de 9 variedades de cana-de-açúcar. Ensaio regional de variedades. Central Azucarero Río Turbio (Lara). X Encontro Nacional de variedades de cana-de-açúcar. ATAVE, FUNDACAÑA. Guanare, Venezuela. 45-46 pp.

Domínguez, P. S. (1990). Comportamento do sistema radicular de três variedades de cana-de-açúcar *Saccharum* spp. em três solos representativos do Valle del Cauca. Dissertação de Mestrado. Faculdade de Ciências Agrárias da Universidade Nacional da Colômbia. Palmira.

Ferraro, D. (2008). Avaliação energética da produção de etanol a partir de grãos de milho. Disponível em: www.scielo.org.ar/scielo.php?pid.

Agência Alemã de Cooperação Técnica (ONU. CEPAL). (2008). Biocombustíveis líquidos para o transporte na América Latina e nas Caraíbas. CEPAL. 187 p. Disponível em: https://www.cepal.org/es/publicaciones/3638-biocombustibles-liquidos-transporte-america-latina-caribe

Gómez, F. (1975). Cana-de-açúcar. Edição UPAVE. Centrales Azucareros, C.A. Caracas, Venezuela. 170 p.

Gravois, A. e Milligan, B. (1992). Relação genética entre fibra e sacarose como componentes de rendimento. Sci. 32: 62-67.

Grutter, M. 1986. Importância da Poluição Atmosférica. Universidade Nacional Autónoma do México. Faculdade de Ciências. Distrito Federal. México.

Hernández, N. (2007) Apresentação à Academia Nacional de Engenharia e Habitat. Acedido em 05/08/2009 Disponível em: www.slideshare.net/energia/etanol.

Hinman, N. (1992). Biomass: An ideal Feedstock for Ethanol Production. Vl 28. California Western Law Review. Estados Unidos da América.

Humbert, P. (1978). O cultivo da cana-de-açúcar. México: Compañía Editorial Continental. 719 pp.

Labrador Ramírez J. R., Razz Garcia, R. C., Bracho Bravo, B. Y., Contreras Rubio, Q. L. (2020). Produção de etanol em 10 cultivares de cana-de-açúcar *(Saccharum* spp híbrido) em um ciclo de produção. Revista De La Facultad De Agronomía De La Universidad Del Zulia. 36 (2), 111-134. Disponível em: https://produccioncientificaluz.org/index.php/agronomia/article/view/31198

Labrador, J. (2004). Introdução e avaliação de 13 variedades de cana-de-açúcar (Saccharum spp) para a produção de cana-de-açúcar forrageira e painel de cana-de-açúcar na fase de maturação (campo experimental da UNESUR), Município de Colón, Lago Sul de Maracaibo, Estado de Zulia. Universidad Nacional Experimental Sur del Lago, Direção Académica, Venezuela.

Labrador, J.; Hernández, E.; Amaya F. (2008). Avaliação de 13 variedades de híbridos de *Saccharum* spp. para fins de açúcar, cana-de-açúcar e forragem na fase de mudas. Município de Colón, Estado de Zulia - Venezuela. Produção Agrícola. 1 (1): 7 -14.

Labrador, J.; Mora, D.; Alcántara, L.; Paz, F.; Hernández, E.; Contreras, J.; Álvarez, R. (2016). Produção de panela de bloco em onze cultivares de cana-de-açúcar (híbrido *Saccharum* spp.) na fase de modelo, município de Colón. Producción Agropecuaria. 5 (1): 3-7.

Laguna Garvett, M. (2011). Objectivos de sustentabilidade agrícola referentes à tendência dos padrões de produção de etanol a partir do milho e da cana-de-açúcar como matéria-prima na Venezuela. [Trabalho de conclusão de curso especial]. Universidade Central Lisandro Alvarado. Pós-graduação em Gestão Agrária, Barquisimeto, Venezuela. 246 p. Disponível em: chrome-extension://efaidnbmnnnibpcajpcglclefindmkaj/http://bibadm.ucla.edu.ve/edocs_baducla/Repositorio/P1221.pdf

Marcano, M.; García, M.; Caraballo, L. (2003). Teste comparativo de variedades de cana-de-açúcar no nordeste do estado de Monagas, Venezuela. Bioagro. 15 (3): 221-225. Recuperado em: 04 julho 2024, de http://ve.scielo.org/scielo.php?script=sci_arttext&pid=S1316-33612003000300010&lng=es&tlng=es.

Meléndez, J. R. (2022). Biotecnologia e gestão aplicada na produção de bioetanol 1G e 2G. Revista de Ciências Sociais. XXVIII (4): 415-429.

Meléndez, J. R., Mátyás, B., Hena, S., Lowy, D. A., e El Salous, A. (2022).

Perspectivas na produção de bioetanol: Uma revisão de métodos, tecnologias e bioprocessos sustentáveis. Renewable and Sustainable Energy Reviews. 160: 112260. https://doi.org/10.1016/j.rser.2022.112260

Meléndez, J. R., Velasquez-Rivera, J., El Salous, A., e Peñalver, A. (2021). Gestão para a Produção de Biocombustíveis 2G: Revisão do cenário tecnológico e económico. Revista Venezuelana de Gestão. 26 (93): 78-91. https://doi. org/10.52080/rvg93.07

Ministério da Agricultura e da Pecuária (1998). Manual de Cultivos. Caracas, Venezuela.

Monsalve, G. et al. (2006) Revista Dyna novembro 2006; ano 73 Pp. 23 - 27. Acedido em 03/07/2009 Disponível em: http://europa.sim.ucm.es/compludoc/AA?articuloId=592573&donde= castellano&zfr=0

Poy, M. (1998): O etanol representa uma alternativa viável para a agroindústria da cana-de-açúcar? Rev. Ingenio. Acessado em 20/06/2009 Disponível: http://www.sca.com.co/bajar/Etanol/Mexico/ingenio03.pdf

Reyes Hernández, J.; Torres de los Santos, R.; Hernández Torres, H.; Hernández Robledo E.; Alvarado Ramírez, E.; Joaquín Cancino, S. (2022). Rendimento e qualidade de sete variedades de cana-de-açúcar em El Mante, Tamaulipas. Revista Mexicana De Ciencias Agrícolas. 13 (5): 883-892. Disponível em: https://doi.org/10.29312/remexca.v13i5.3232.

Sabino, C. (1992). El Proceso de Investigación. Editorial Panamericana, Bogotá, Colômbia. 163 p. Disponível em: chrome-extension://efaidnbmnnnibpcajpcglclefindmkaj/https://www.perio.unl p.edu.ar/tif/wp-content/uploads/2021/04/CarlosSabino-ElProcesoDeInvestigacion_0.pdf

Sabino, C.A. (2002), ¿Cómo hacer una tesis? y elaborar todo tipo de escritos. Editorial Panapo, Caracas, Venezuela. 141 p.

Sanhueza, E. (2009). Agroetanol, um combustível amigo do ambiente? Interciencia. 34 (2): 106-112. [citado 2024 Jul 08]. Disponível em: http://ve.scielo.org/scielo.php?script=sci_arttext&pid=S0378-18442009000200007&lng=es.

Tecnicaña (1986). O cultivo da cana-de-açúcar. Editor Carlos Buenaventura. Cali, Colômbia: Editorial XYX. 473 pp.

Uzcátegui, C. (1985). Melhoramento genético da cana-de-açúcar na Venezuela (1962-1982). II seleção de variedades introduzidas. Revista caña de azúcar INIA. Maracay. Maracay, Venezuela.

Valecillos, E. (2002). Avaliação de 10 variedades de cana-de-açúcar.

Segundo ensaio regional de variedades. Central Azucarero Venezuela. X Encontro Nacional de variedades de cana-de-açúcar. ATAVE, FUNDACAÑA. Guanare, Venezuela. 66-67 p.

Apêndices

Figura 10: Distribuição das 11 cultivares de cana-de-açúcar no campo

Drenagem

BLOCO I

T1	T2	T3	T4	T5	T6	T7	T8	T9	T10	T11
V91 -8	V98 -86	V91 -01	V99 -217	C323 -68	V98 -120	V99 -236	B80 -408	V00 -50	V99 -190	CP74 -2005

BLOCO II

T22	T21	T20	T19	T18	T17	T16	T15	T14	T13	T12
CP74 -2005	V98 -120	V00 -50	V99 -190	V99 -236	C323 -68	B80 -408	V91 -01	V91 -8	V99 -217	V98 -86

BLOCO III

T23	T24	T25	T26	T27	T28	T29	T30	T31	T32	T33
V99 -36	B80 -408	V99 -17	V98 -86	CP74 -2005	V91 -8	V98 -120	V99 -190	C323 -68	V91 -01	V00 -50

Estrada interna

^O**Figura 11**: Valores médios de Brix no campo

NÃO.	Cultivares	Dias de plantação						Estádio de maturação da cultura
		280		320	340	360	Média	
		I	II	III	IV	V		
1	V91-8	0,9	1,0	1,0	0,9	1,0	0,9	Maduro
	V98-86	0,9	0,9	0,9	0,9	0,8	0,9	Maduro
	V91-01	0,9	0,8	0,8	0,9	0,9	0,9	Maduro
	V99-217	0,9	1,2	0,9	0,9	0,8	1,0	Maduro
5	C32-368	0,8	0,8	0,9	0,9	0,9	0,9	Maduro
	V98-120	0,8	0,8	0,9	0,9	1,0	0,9	Maduro
	V99-236	0,8	0,8	0,8	0,8	0,9	0,8	Imaturo
8	B80-408	0,7	0,6	0,7	0,8	0,7	0,7	Imaturo
	V00-50	0,8	0,7	0,9	0,8	0,8	0,8	Imaturo
10	V99-190	0,9	0,7	0,7	0,9	0,8	0,8	Imaturo
	CP74-2005	0,9	0,9	0,9	0,9	0,9	0,9	Maduro

INIA - YARACUY
Laboratorio Suelo - Agua - Planta
Resultados de Análisis de Tallos de Caña de Azucar

JM INFORME 24 FECHA:02/07/2010 UBICACION: CAMPO EXPERIMENTAL UNESUR, SANTA BARBARA DEL ZULIA

ISAYO: IREYARUSUE-10-0002 PRODUCCION DE ETANOL A PARTIR DE 11 VARIEDA RESPONSABLE JOSE LABRADOR/EDITH

RCELAS 33 GRUPO: CICLO: ESTADO:Zulia MUNICIPIO JESUS MARIA SA

o rcela	Peso Bagazo	Peso Seco	Peso Tallo (kg)	Brix Corregido (º)	Peso Jugo (g)	Pol (%) Jugo	Fibra Bagazo (%)	Fibra Caña (%)	Pol % Caña	Pureza (%)
1	297	25,6	5,7	17,9	703	14,98	43,80	13,01	12,37	83,69
2	306	25,8	7,8	19,8	694	16,93	43,43	13,29	13,89	85,51
3	347	28,6	4,2	17,5	653	15,01	51,81	17,98	11,41	85,92
4	333	25,2	5,7	13,7	667	10,11	45,18	15,04	8,03	73,96
5	347	27,6	4,5	16,3	653	13,60	49,87	17,30	10,43	83,59
6	379	28,4	6,2	18,0	621	15,45	51,48	19,51	11,33	85,83
7	349	32,8	5,8	17,8	651	15,29	61,94	21,62	11,05	86,04
8	295	27,5	6,2	16,5	705	13,34	49,04	14,47	10,83	81,00
9	334	28,8	5,6	17,0	666	14,34	52,35	17,48	11,03	84,50
10	364	27,0	5,8	15,3	636	12,60	48,99	17,83	9,52	82,51
11	332	25,3	5,5	17,4	668	14,94	43,70	14,51	11,95	86,01
12	329	24,3	6,7	17,9	671	14,93	40,98	13,48	12,11	83,41
13	327	27,2	7,1	15,4	673	12,57	49,09	16,05	9,88	81,78
14	300	25,2	4,4	17,4	700	14,26	43,13	12,94	11,77	82,10
15	369	25,4	4,6	16,7	631	14,20	44,65	16,48	10,89	85,18
16	340	28,9	4,9	16,3	660	13,22	52,90	17,99	10,08	81,25
17	356	27,1	5,6	17,9	644	15,66	48,10	17,12	11,99	87,49
18	315	23,2	4,8	17,3	685	14,87	38,50	12,13	12,33	86,10
19	382	27,0	3,9	16,2	618	13,75	48,81	18,65	10,18	85,03
20	346	29,7	5,0	15,6	654	12,65	55,10	19,06	9,48	81,25
21	395	29,2	5,4	17,7	605	15,23	53,71	21,22	10,81	86,19
22	337	26,0	4,9	19,3	663	17,06	44,55	15,01	13,53	88,39
23	343	24,3	4,9	18,0	657	15,61	41,08	14,09	12,49	86,72
24	300	24,5	5,6	16,7	700	13,48	41,80	12,54	11,18	80,86
25	312	25,5	3,3	15,5	688	12,08	44,89	14,01	9,80	78,09
26	311	24,7	7,6	19,1	689	16,20	41,12	12,79	13,35	84,82
27	352	22,4	4,5	18,1	648	15,97	36,49	12,84	12,93	88,23
28	275	24,5	4,5	16,9	725	13,52	41,44	11,40	11,47	80,14
29	364	23,5	4,2	14,9	636	12,14	40,92	14,89	9,53	81,64
30	385	28,0	3,2	15,0	615	12,43	51,64	19,88	9,04	83,03
31	344	28,4	5,2	18,4	656	15,82	50,94	17,52	12,11	85,98
32	368	28,6	4,1	17,9	632	15,64	51,88	19,09	11,60	87,37

Fecha: 16/03/2010

INIA - YARACUY
Laboratorio Suelo - Agua - Planta
Resultados de Análisis de Tallos de Caña de Azucar

JM INFORME 24   FECHA:02/07/2010 UBICACION: CAMPO EXPERIMENTAL UNESUR, SANTA BARBARA DEL ZULIA

SAYO: IREYARUSUE-10-0002 PRODUCCION DE ETANOL A PARTIR DE 11 VARIEDA   RESPONSABLE: JOSE LABRADOR/EDITH

RCELAS 33   GRUPO: CICLO: ESTADO:Zulia   MUNICIPIO JESUS MARIA SA

o rcela	Peso Bagazo	Peso Seco	Peso Tallo (kg)	Brix Corregido (º)	Peso Jugo (g)	Pol (%) Jugo	Fibra Bagazo (%)	Fibra Caña (%)	Pol % Caña	Pureza (%)
33	314	28,2	6,2	13,4	686	10,47	52,09	16,36	8,24	78,31

Tabela 3: Pesagem da cana em Kg/lote

Não	TRATAMENTO	REPETIÇÕES			TOTAL	MÉDIA
		I	II	III		
1	V91-8	424	310	170	904	301,33
	V98-86			115	356	118,66
	V91-01	170	238	234	642	214
	V99-217	239	298		787	262,33
5	C323-68	262	100	145	507	169
	V98-120	308	451		1049	349,66
	V99-236		220	215	584	194,6
8	B80-408	280	225	146	651	217
	V00-50	385	257	247	889	296,3
10	V99-190	488	340		1008	336
	CP74-2005	248	183	120	551	183,6

Quadro 4: Toneladas de cana por hectare (TCH)

Não	TRATAMENTO	REPETIÇÕES			TOTAL	MÉDIA
		I	II	III		
1	V91-8	94,13	68,82	37,74	200,69	66,9
	V98-86	40,18	13,32	25,53	79,03	26,34
	V91-01	37,74	52,83	51,94	142,51	47,5
	V99-217	53,05	66,15	55,5	174,7	58,23
5	C323-68	58,16	22,2	32,19	112,55	37,51
	V98-120	68,38	100,12	64,38	232,88	77,63
	V99-236	33,07	48,84	47,73	129,64	43,21
8	B80-408	62,16	49,95	32,41	144,52	48,17
	V00-50	85,47	57,05	54,83	197,35	65,78
10	V99-190	108,33	75,48	39,96	223,77	74,59
	CP74-2005	55,06	40,63	26,64	122,33	40,78

Tabela 5: %Pol (sacarose)

Não	TRATAMENTO	REPETIÇÕES			TOTAL	MÉDIA
		I	II	III		
1	V91-8	14,98	14,26	13,52	42,76	14,25
	V98-86	16,93	14,93	16,2	48,06	16,02
	V91-01	15,01	14,2	15,64	44,85	14,95
	V99-217	10,11	12,57	12,08	34,76	11,59
5	C323-68	13,6	15,66	15,82	45,08	15,03
	V98-120	15,45	15,23	12,14	42,82	14,27
	V99-236	15,29	14,87	15,61	45,77	15,25
8	B80-408	13,34	13,22	13,48	40,04	13,35
	V00-50	14,34	12,65	10,47	37,46	12,49
10	V99-190	12,6	13,75	12,43	38,78	12,93
	CP74-2005	14,94	17,06	15,97	47,97	15,99

Quadro 6: Toneladas de açúcar por hectare (TAH)

Não	TRATAMENTO	REPETIÇÕES			TOTAL	MÉDIA
		I	II	III		
1	V91-8	14,1	9,81	5,1	29,01	9,67
	V98-86	6,8	1,99	4,13	12,92	4,31
	V91-01	5,66	7,5	8,12	21,28	7,09
	V99-217	5,36	8,31	6,7	20,37	6,79
5	C323-68	7,9	3,48	5,09	16,47	5,49
	V98-120	10,56	15,24	7,82	33,62	11,21
	V99-236	5,05	7,26	7,45	19,76	6,59
8	B80-408	8,29	6,6	4,37	19,26	6,42
	V00-50	12,26	7,22	5,74	25,22	8,41
10	V99-190	13,65	10,38	4,96	28,99	9,66
	CP74-2005	8,23	6,93	4,25	19,41	6,47

Tabela 7. Litros de etanol por hectare Lt/Et/Ha.

Não	TRATAMENTO	REPETIÇÕES			TOTAL	MÉDIA
		I	II	III		
1	V91-8	471,11	372	302,22	1145,33	381,78
	V98-86	2477,66	699,99	1410,65	4588,3	1529,43
	V91-01	1223,99	1189,99	649,99	3063,97	1021,32
	V99-217	1104,7	927,1	888,88	2920,68	973,56
5	C323-68	2095,98	799,99	373,77	3269,64	1089,91
	V98-120	1882,2	2946,5	1063,32	5441,52	1980,51
	V99-236	1099,27	782,21	2030,54	3912,02	1304
8	B80-408	1088,89	659,99	739,73	2488,61	829,54
	V00-50	988,16	656,77	548,88	2193,81	731,27
10	V99-190	455,46	498,66	464	1418,12	472,71
	CP74-2005	1917,85	1951,98	1055,99	4925,82	1641,94

Tabela 8. Eficiência de litros de etanol/Tn/Cana

Não	TRATAMENTO	REPETIÇÕES			TOTAL	MÉDIA
		I	II	III		
1	V91-8	5	5,92	8,01	18,93	6,31
	V98-86	61,66	52,55	52,25	166,46	55,48
	V91-01	32,43	22,53	12,51	67,47	22,49
	V99-217	20,82	14,02	16,02	50,86	16,95
5	C323-68	36,04	36,04	11,61	83,69	27,9
	V98-120	27,53	29,43	16,52	73,48	24,49
	V99-236	33,24	16,02	42,54	91,8	30,6
8	B80-408	17,52	13,21	22,82	53,22	17,85
	V00-50	11,56	11,51	10,01	33,08	11,03
10	V99-190	4,21	6,62	11,62	22,45	7,48
	CP74-2005	34,83	48,04	39,64	122,51	40,84

Tabela 9. Concentração %

Não	TRATAMENTO	REPETIÇÕES			TOTAL	MÉDIA
		I	II	III		
1	V91-8	32,6	31	34,8	98,4	32,8
	V98-86	34,6	34,2	35,8	104,6	34,87
	V91-01	50,6	39,8	40,4	130,8	43,6
	V99-217	14,4	11,8	12,6	38,8	12,93
5	C323-68	50,2	39,2	38,8	128,2	42,73
	V98-120	32,2	34,4	40,6	107,2	35,73
	V99-236	52,2	38,6	36,6	127,4	42,47
8	B80-408	14,6	19,2	20,2		
	V00-50		16,6		46,6	15,53
10	V99-190	16,6	20,2	25,4	62,2	20,73
	CP74-2005	54,6	54,4	54,8	163,8	54,6

Brixometria no campo Cultivar de cana-de-açúcar

Corte da cana   Pesagem da cana

Meio de cultura para extração de sumo

 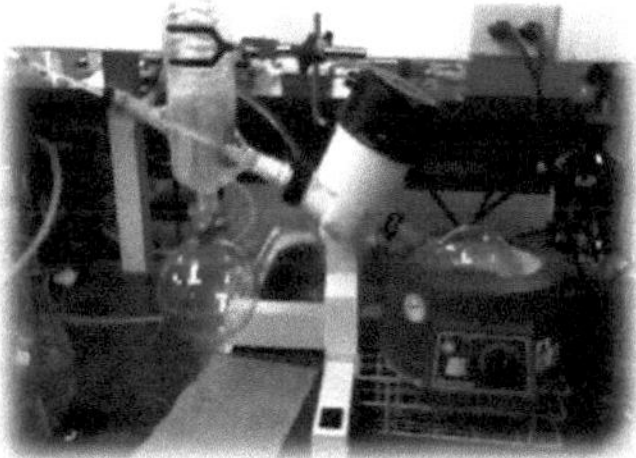

Amostras a Fermentar Processo de Destilação

Resultados da análise estatística Testes de média Anova Tukey

⬇ TCH:

Sistema SAS 10:48 Friday, January 22, 2012 6

Obs	trat	bloq	Rend (TCH)
1	1	1	94.13
2	2	1	48.18
3	3	1	37.74
4	4	1	53.05
5	5	1	58.16
6	6	1	68.38
7	7	1	33.07
8	8	1	62.16
9	9	1	85.47
10	10	1	108.33
11	11	1	55.06
12	1	2	68.82
13	2	2	13.32
14	3	2	52.83
15	4	2	66.15
16	5	2	22.20
17	6	2	100.12
18	7	2	48.84
19	8	2	49.95
20	9	2	57.05
21	10	2	75.48
22	11	2	40.63
23	1	3	37.74
24	2	3	25.53
25	3	3	51.94
26	4	3	55.50
27	5	3	32.19
28	6	3	64.38
29	7	3	47.73
30	8	3	32.41
31	9	3	54.83
32	10	3	39.96
33	11	3	26.64

Procedimiento GLM

Información del nivel de clase

Clase   Niveles   Valores

trat   11   1 2 3 4 5 6 7 8 9 10 11

bloq   3   1 2 3

Número de observaciones   33

Litros etanol

Sistema SAS   12:22 Friday, January 22, 2012   1

Obs	trat	bloq	Etanol
1	1	1	471.11
2	2	1	2477.66
3	3	1	1223.99
4	4	1	1104.70
5	5	1	2095.98
6	6	1	1882.20
7	7	1	1099.27
8	8	1	1088.89
9	9	1	988.16
10	10	1	455.46
11	11	1	1917.85
12	1	2	372.00
13	2	2	699.99
14	3	2	1189.99
15	4	2	927.10
16	5	2	799.99
17	6	2	2946.50
18	7	2	782.21
19	8	2	659.99
20	9	2	656.77
21	10	2	498.66
22	11	2	1951.98
23	1	3	302.22
24	2	3	1410.65
25	3	3	649.99
26	4	3	888.88

27	5	3	373.77
28	6	3	1063.32
29	7	3	2030.54
30	8	3	739.73
31	9	3	548.88
32	10	3	464.00
33	11	3	1055.9

Sistema SAS   12:22 Friday, January 22, 2012   2

Procedimiento GLM

Información del nivel de clase

Clase	Niveles	Valores
trat	11	1 2 3 4 5 6 7 8 9 10 11
bloq	3	1 2 3

Número de observaciones   33

Sistema SAS   12:22 Friday, January 22, 2012   3

Procedimiento GLM

Variable dependiente: **Etanol**

Fuente	DF	Suma de cuadrados	Cuadrado de la media	F-Valor	Pr > F
Modelo	12	8507932.33	708994.36	2.57	0.0299
Error	20	5515383.14	275769.16		
Total correcto	32	14023315.48			

R-cuadrado	Coef Var	Raiz MSE	etanol Media
0.606699	48.38161	525.1373	1085.407

Fuente	DF	Tipo I SS	Cuadrado de la media	F-Valor	Pr > F
trat	10	7213884.944	721388.494	2.62	**0.0322**

bloq	2	1294047.390	647023.695	2.35	0.1215

Fuente	DF	Tipo III SS	Cuadrado de la media	F-Valor	Pr > F
trat	10	7213884.944	721388.494	2.62	0.0322
bloq	2	1294047.390	647023.695	2.35	0.1215

I want morebooks!

Buy your books fast and straightforward online - at one of world's fastest growing online book stores! Environmentally sound due to Print-on-Demand technologies.

Buy your books online at
www.morebooks.shop

Compre os seus livros mais rápido e diretamente na internet, em uma das livrarias on-line com o maior crescimento no mundo! Produção que protege o meio ambiente através das tecnologias de impressão sob demanda.

Compre os seus livros on-line em
www.morebooks.shop

Printed by Books on Demand GmbH, Norderstedt / Germany